# Мезороллер и новинки косметологии.

Александр и Юлия Макаровы

Издательство Лулу
**2012**

# Введение

Основное направление современной косметологии, это борьба с увяданием кожи и устранение разного рода косметических дефектов, возникающих у человека в течение жизни.
Заслуженную популярность среди нехирургических методов восстановления приобрела мезотерапия - введение специальных внутрикожных коктейлей в дерму (средние слои кожи), куда не проникают кремы и гели, наносимые на поверхность.
Аналогом мезотерапии, доступным для домашнего применения, стал мезороллер, уже сейчас называемый одним из наиболее значительных изобретений в современной косметологии и эстетической медицине.
Мезороллер активизирует восстановительные процессы в клетках кожи, обновляет и омолаживает ее, делает более упругой и плотной, устраняет обвисание, что ранее было возможно только с помощью пластических операций.
Сама процедура проста и эффективна. Лечебное воздействие происходит за счет активации клеточного механизма, усиления кровообращения и ускорения регенерации клеток кожи. В течение последних 8 лет, она предлагается во многих салонах США и Европы, как щадящая альтернатива пилингам, мезотерапии и дермабразии.
Мезороллер представляет собой валик с закрепленными в нем тончайшими микроиглами из медицинской стали и титана с золотым и платиновым покрытиями.
Они воздействуют на кожу, стимулируя выработку эластина и коллагена. Образующиеся микроканалы способствуют транспортировке терапевтических сывороток и витаминов в более глубокие слои кожи, увеличивая эффективность их воздействия.
Клинические исследования доказали увеличение проникновения лекарственных средств в дерму при использовании Мезороллера почти в 1000 раз.
Аппарат существует в нескольких модификациях, с различной длиной игл. Для домашнего использования предлагается вариант с иглами длиной 0,2 - 0,5 мм, а для профессионального применения - от 1 до 3мм.
Модель следует подбирать индивидуально, в зависимости от сложности проблемы.
Дефекты, устраняемые Мезороллером: Морщины, шрамы, дефекты кожи.
Аппарат устраняет нависание верхнего века, существенно сокращает «гусиные лапки», разглаживает мешки под глазами, укрепляет и подтягивает кожу вокруг глаз.
 Разглаживает носогубные складки, заметно подтягивает кожу скул и щек, устраняет морщинки вокруг рта;
 Восстанавливает овал лица, укрепляя его контуры, и убирает «второй» подбородок;
Повышает упругость кожи в области шеи и декольте;
Эти и другие методы современной косметологии мы рассмотрим в данной книге.

**Кратко о современных методах косметического воздействия.**

**Мезотерапия.**

**Мезотерапия** – это относительно молодой метод коррекции эстетических проблем кожи путем инъекционного введения активных препаратов (мезопрепаратов) в дерму или подкожную клетчатку. С помощью мезотерапии возможно решить широкий спектр эстетических проблем, например, избавиться от целлюлита, растяжек, морщин, пигментных пятен, акне. Методика мезотерапии является эффективной даже в тех случаях, когда другие приемы и методы не дают желаемого результата.

Для инъекций в мезотерапии используются медикаменты, а так же средства альтернативной медицины: фитопрепараты, гомеопатические вещества, которые могут представлять собой сложные комбинации из биологически активных веществ. Принцип действия вводимых препаратов аналогичен их наружному применению, с тем лишь отличием, что активные препараты вводятся в дерму или подкожную клетчатку, достигая «эпицентра» проблемы, вместо того, чтобы быть нанесенными снаружи или принятыми вовнутрь. Ведь для того, чтобы лечение растяжек, например, было эффективным, препарат должен достичь как минимум уровня дермы, так как именно там находятся поврежденные коллагеновые волокна, а при лечении целлюлита – подкожной жировой клетчатки, где расположены жировые клетки.

Еще одной особенностью мезотерапии является тот факт, что эффект от процедуры зависит не только от вводимых препаратов и биологически активных веществ, но и во многом обусловлен уколами как таковыми. Как правило, процедуру мезотерапии проводят с помощью шприцов либо же специальных аппаратов – **мезотерапевтических пистолетов**. Преимущество мезотерапевтических пистолетов заключается в том, что при их использовании во время процедуры можно регулировать глубину проникновения иглы в слои дермы (4-6 мм), а так же избежать негативных последствий от процедуры, которые иногда возникают – синюшностей и отеков. *Поэтому выбор аппаратов для проведения мезотерапии достаточно ответственный и важный шаг для врача-косметолога на пути к достижению позитивного результата.*

**Омоложение лица, инъекции Ботокс, Диспорт.**

*Как подтверждают множественные медицинские исследования, лидером среди самых популярных косметических процедур являются инъекции Ботокса и Диспорта. Это и понятно, ведь эффект от этих уколов великолепен.*

*Хотя уколы Диспорта и Ботокса известны косметологам довольно давно, но многие из желающих не стареть, часто не знают об этом весьма эффективном средстве. Но мнение тех, кто сам попробовал эти волшебные уколы коктейля молодости, -это не дань моды, а необходимый элемент программы поддержки красоты.*

**Механизм действия Диспорта / Ботокса**

*Действие токсина ботулотоксина А (это другое название препарата), заключается в предотвращении передачи нервного импульса на мимическую мышцу. То есть сокращение последней невозможно.*

*Основные действия этих препаратов:*

- инъекции Ботокса и Диспорта в область лба устраняют складки между бровями, сглаживают у пациента горизонтальные мимические морщины, , легко удаляют «гусиные лапки» - сетку морщин вокруг глаз;
- инъекции в носа и губ помогают от морщин в области верхней губы, и против морщинок в уголках рта;
- морщины спинки носа, крыльев носа и подбородка, также легко устраняются действием Ботокса;
- «уколы красоты» эффективны против морщин области декольте, могут так же помочь расстаться с горизонтальными и вертикальными морщинами шеи;
- отличный эффект дает препарат Ботокс в лечении повышенного потоотделения ног, рук и подмышек так называемого гипергидроза. Сделав укол о потливости можно забыть на несколько месяцев!

*Еще одно положительное действие – часто пациенты после уколов избавляются и от головной боли. Под его действием препарата мышцы расслабляются и больше не пережимают нервные окончания, которые вызывали мигрень.*

Сделать "укол красоты" инъекцию Диспорта / Ботокса можно всего за пятнадцать-двадцать минут. Эффект после укола становится заметен вам и окружающим уже через 1-2 недели.

*В чем же различие между препаратами?*

Ботокс эффективно использовался в США уже в течение многих лет, тогда как Диспорт одобрен сравнительно недавно.

Несмотря на то, что они одинаковы по своему воздействию, дозы у них различные и возможные побочные эффекты так же различаются. Эффективную дозу и способ лечения подскажет вам врач.

## Мезороллер (Дермароллер)

Мезороллер или Дермароллер - это действительно эффективный прибор, используемое в косметологии и эстетической медицине. Вы можете использовать его в домашних условиях и он удивит вас своими результатами.

Мезороллер способен обновить структуру кожи, подтянуть ее, сделать ее более упругой эластичной, что до недавнего времени делалось с помощью пластических операций и лазерных шлифовок.

*Какие дефекты устраняет Мезороллер?*

Шрамы - Сглаживает послеоперационные шрамы, а также рубцы после травм и ожогов.

Целлюлит, Растяжки (стрии) , а также обвисание и дряблость кожи - Удаляет «молодые»-розовые и «старые»-белые растяжки на любой части тела в том числе и на такой нежной коже, как область молочных желез.

Подтягивает и разглаживает кожу живота и бедер после резкой потери веса, после родов, липосакции, а также при наличии возрастных изменений; сокращает видимые проявления целлюлита.

*Морщины - Избавляет от нависания верхнего века, значительно уменьшает «гусиные лапки», сглаживает мешки под глазами, подтягивает и укрепляет кожу вокруг глаз;*

*Значительно подтягивает кожу в области скул и щек, разглаживает носогубные и складки, а также морщины вокруг рта;*

*Восстанавливает и укрепляет контуры овала лица, уменьшает зону «второго подбородка»;*

*Возвращает упругость кожи шеи и декольте;*

*Сокращает избыточную кожу и морщины в области кистей рук и задней поверхности плеч;*

*Постакне и Расширенные поры - Устраняет неровность, бугристость кожи, атрофические шрамы после угревой болезни.*

*Сужает расширенные поры и ускоряет рассасывание застойных пятен.*

*Выпадение волос, наследственное, очаговое и симптоматическое - Восстанавливает рост, густоту и структуру волос, содействует лечению облысения.*

## Мезороллеры. Обзор и анализ цен. Сертификация мезороллеров.

Что лучше Китай или Америка? Что такое подделки мезороллеров? Это надо знать!

Итак, мы решили провести обзор всех существующих видов мезороллеров и поделиться с вами впечатлением от моделей.

Кроме того наш большой опыт в области работы с разными дермароллерами поможет вам более точно подобрать модель роллера для себя.

## ОСНОВНЫЕ ВОПРОСЫ:

*1. Чем отличаются Мезороллер, Дермароллер, Скальпроллер, V-roller?*

Ответ: Ничем- это просто разные названия. У нас- Мезороллер, в США и Европе- Дермароллер, V-roller- это название которое придумала российская компания. Скальпроллер- это роллер для волос (он такой же как и все остальные роллеры).

*2. Отсюда вопрос: если они ничем не отличаются почему разные цены на него во всем мире?*

Ответ: Цены не разные. Продают одну и туже модель по разным ценам, при этом это все один и тот же роллер, который работает одинаково. Конечно себестоимость роллера не велика, но если вы его продаете например Европе, обязаны сделать для него сертификаты (там это более жесткое требование чем у нас) плюс с каждой продажи заплатить налог.

вот пример мезороллеров картинки с разных сайтов:

**Великобритания** - 30 GBP или 46,6 дол.США

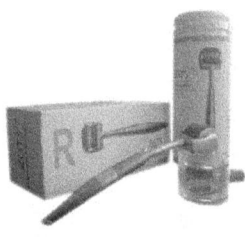

Вот как пример предлагают процедуру Англии:

Англия **Европа**- цена 32,95 дол.США

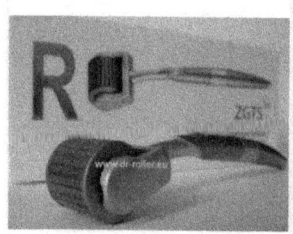

Europe Dermaroller

**Прибалтика — Латвия**

Цена примерно 34 дол. США (но цена в салоне, где обычно еще плюс процедура, отдельно не знаю продают ли)

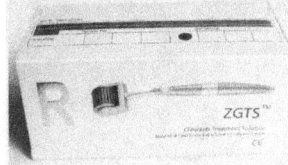

Мезороллер- Рига

**Мезороллеры на Украине. Основные сайты.**

www.mezoroller.com.ua

www.roller.in.ua

www.mezoroller.discountcenter.com.ua

Мезороллеры оптом с доставкой по всему миру можно купить на www.krasotainfo.com

Цена 40 дол. США за 1 шт, и 35 дол. США от 5 шт. Это сайты с одними из самых недорогих мезороллеров. Остальные продают тоже, но дороже.

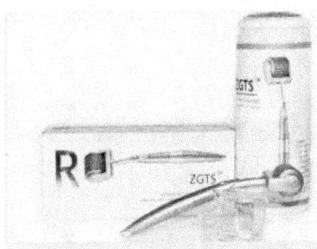

мезороллер Украина

**Мезороллеры в России.**

www.krasotainfo.com и www.mezoroller.discountcenter.com.ua

Мезороллер ZGTS найти тяжело. Цена 40-70 дол. США или 800-2100 руб.

мезороллер Россия

Цена на остальные модели по всем интернет магазинам колеблется от 50 дол. США и выше. Отсюда можно сделать вывод, что это завышение цен, на всю продукцию, а не на конкретную модель.

**Итак сделав этот несложный анализ мы можем убедиться что цены везде примерно одинаковые .**

Мы специально взяли самую популярную модель дермароллера для анализа.

*3. Почему на других сайтах пишется что все что дешевле 60 дол. США- это подделка? К тому же если все мезороллеры одинаковые, то они произведены на одном и том же заводе? Или это китайские подделки?*

Ответ: Завод один. Эта модель роллеров производится в Китае! Их можно найти на любых сайтах мира- это не значит что это разные роллеры. Подделок не делают.

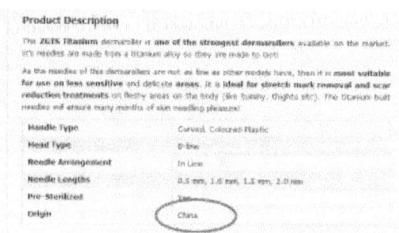

Это видно например на http://www.dr-roller.eu/zgts.html  они честно пишут страну производителя.

И поэтому цена на ролики во всем мире примерно одинаковые.  Еще раз повторюсь- это одна из лучших моделей. Эти мезороллеры действительно очень хорошие. У нас никогда не было проблем с этой моделью.

*4. А что насчет сертификатов? Ведь те кто продают дороже они говорят что у них есть сертификаты на мезороллеры.*

Ответ: Часть сертификатов делают компании которые представляют завод, который производит дермароллеры ZGTS , вот они:

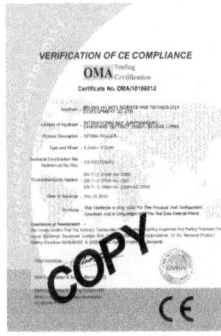
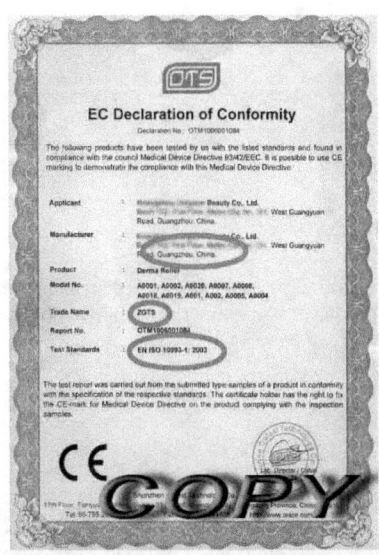

На этих сертификатах видно соответствие ISO стандартам и маркировка CE (которая возможность продавать их продукцию в Европе)

*5. А какие же цены на процедуры?*

Ответ: От 25 дол. США- частный кабинет косметолога, до… 200 дол.США (одна процедура)- в клинике.

Пусть вас не смущает что порой клиники берут такую огромную сумму и работают теми же роликами что и частные косметологи- для начала достаточно посчитать все их затраты. Также есть ролики и не китайского производства их описание вы найдете в общем обзоре моделей мезороллеров

## Обзор моделей мезороллеров. Описание и комментарии.

Сейчас производят множество моделей мезороллеров. Мы берем для анализа самые популярные. Пишем свои комментарии (исходя из исключительно личного опыта работы и опыта ряда косметологов).

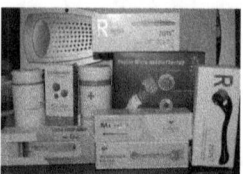

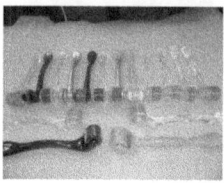

С мезороллерами мы работаем более 2 лет, закупали очень много разных моделей, пробовали сами, отдавали косметологам, собирали отзывы. И в результате получился такой обзор.

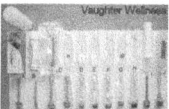

Не могу не поделиться ссылкой на аналогичный обзор роликов на английском языке. Но надо учитывать, что когда он делался не было такого разнообразия и количества моделей. www.owndoc.com

Мы рассматривали модели мезороллеров: Всю линейку ZGTS, Всю линейку MT, MNS, MTS, MRS, DNS, DTR, Medic roller, а также отдельно DERMAROLLER, MTS (clinical resolution)- оригинал

Начнем с главного разочарования года:

1. DNS — Bio Genesis London

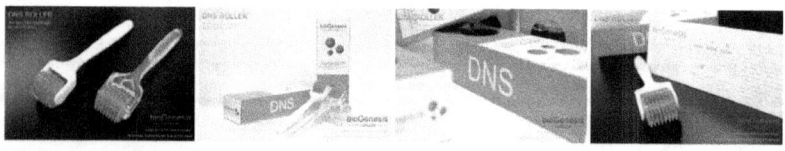

Первое впечатление: В начале как только берешь в руки коробку- вызывает доверие. На обратной стороне не простая линейка с приклеенным кружочком на нужном размере, а наклейка с номером, кодом (который можно проверить на сайте).Роллер: Очень тоненькие иглы, хороший сплав, хорошо ходит и не скрипит. Приятно работать им, но неудобно хранить.

Второе впечатление: То что на упаковке написано Лондон- это просто название. На коробках внизу пишут Корея, реально производят в Китае.

**Самое неприятное -** у них выпадают иглы. А теперь представьте- косметолог открывает ролик, начинает катать вам по лицу, а иглы остаются. Жуть. По нашей статистике- из партии в 100 штук- у 4 роликов были проблемы. 3 шт- выпали иглы, а 4 барабан плохо прокручивался и застревал. **Вывод: Не советую их покупать.**

На первой фото барабан просто расслоился, на второй фото видно что нет игл в 6 и 8 ряду.

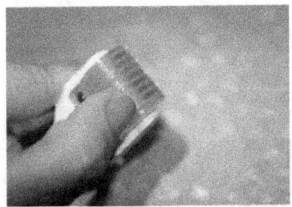

А теперь о тех мезороллерах, которые не вызвали разочарования:

2. ZGTS — тройка самых популярных моделей.

1) **ZGTS мезороллер с позолоченными иглами из титанового сплава.**

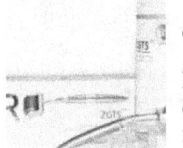

**Срок службы** мезороллера с позолоченными иглами из титанового сплава.

По нашим исследованиям и наших клиентов- косметологов с большим опытом работы данным инструментом, мезороллера ZGTS для работы по лицу в условиях косметического кабинета хватает на 8-9 процедур.

Эта цифра конечно же варьируется в зависимости от многих факторов, например: типа кожи, обрабатываемой площади, степени надавливания на мезороллер и многих других факторов.

ZGTS мезороллер с позолоченными иглами из титанового сплава – это «супер» вариант для работы. Срок службы у него такой же как и у других роллеров с титановыми иглами, но нет экономии за счет упаковки, плюс метод сборки- не пластины в которые впаиваются иглы, а уже готовые пластины из которых собирается ролик. Все мезороллеры с позолоченными иглами из титанового сплава модели ZGTS изначально упакованы в коробку в прозрачной пленке, потом в в пластиковый футляр- колбу, внутри на ролик надет защитный колпачок.

Качество данных роллеров подтверждается нашим многолетним опытом работы с ними. Это одна из лучших и любимых нами и косметологами моделей (скорее благодаря высокому качеству мезороллера, хорошей работе и красивой упаковке).

К этой модели никаких нареканий нет. Отличные ролики. Хорошо себя зарекомендовали. Удобная туба для хранения. Никогда и никаких проблем с иглами не было. Хорошее соотношение цена/качество. Моя любимая модель. На 1000 штук ни одного брака!

**2) ZGTS мезороллер с 540 иглами из титанового сплава.**

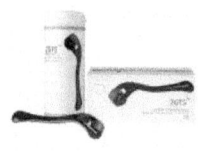

Мезороллер с 540 иглами из титанового сплава (Мезороллер или Дермароллер или V-роллер или Скальпроллер )— это ролик с 540 микроиглами.

Клиентов обычно очень интересует срок службы мезороллера с позолоченными иглами из титанового сплава.

По нашим исследованиям и наших клиентов- косметологов с большим опытом работы данным инструментом, мезороллера ZGTS 540 для работы по лицу в условиях косметического кабинета хватает на 10-12 процедур. Эта цифра конечно же варьируется в зависимости от многих факторов, например: типа кожи, обрабатываемой площади, степени надавливания на мезороллер и многих других факторов.

ZGTS мезороллер с 540 иглами из титанового сплава – это «не болезненный» вариант для работы. Срок службы у него немного больше чем у всех остальных роллеров, нет экономии за счет упаковки.

Метод сборки- у всех существующих моделей роллеров с 540 иглами (не только ZGTS) метод сборки одинаковый. Из круглого диска вытачивают иглы, потом прокладываются пластинами и собираются в ролик. Иглы вытачиваются, они имеют плоскую конусную форму. Это видно на большой длине иглы.

Для работы в условиях кабинета. Этот ролик по сравнению с 200 иглами не так глубоко проникает в кожу. Процедура более безболезненная за счет неглубокого проникновения и большого количества игл. Он не сильно популярен у косметологов.

Все мезороллеры с 540 из титанового сплава модели ZGTS изначально упакованы в коробку в прозрачной пленке, потом в в пластиковый футляр- колбу, внутри на ролик надет защитный колпачок и еще дополнительно упакован в полупрозрачную фольгу .

Качество данных роллеров подтверждается нашим многолетним опытом работы с ними. Это одна из хороших моделей (скорее благодаря высокому качеству мезороллера, хорошей, долгой работе и красивой упаковке).

Минус- не такое глубокое проникновение игл.

## 3) ZGTS мезороллер с позолоченными иглами из титанового сплава.

*Срок службы мезороллера с позолоченными иглами из титанового сплава:*

По нашим исследованиям и наших клиентов- косметологов с большим опытом работы данным инструментом, мезороллера ZGTS для работы по лицу в условиях косметического кабинета хватает на 8-9 процедур

По цене такие же как и №1.

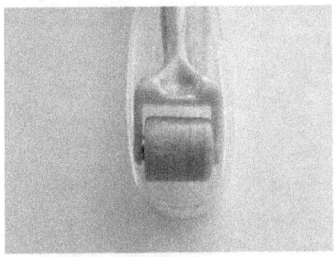

По опыту с недавней партией скажу, что все-таки брак есть.

Здесь на фото видно, как потрескался барабан. Брак примерно 2 шт из 100.

Как для меня- многовато. Мезороллеры покупателям заменили. Эту модель уже брать не будем.

Точно такой же ролик как на модели №3 продают под брендом **Dr roller**.

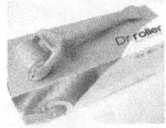 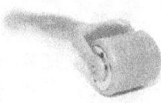

На первой фото Dr roller. На второй ZGTS

## 3. Medic roller

Хорошо сделаны. Эти ролики выпускают под разными маркировками. Например DTR . Внешне похожи на МТ ролики, но здесь титановый сплав игл. Минусы только в упаковке (это про DTR) . Они идут только в тубе без коробки, стоимость такая же как и у ZGTS, но у ZGTS упаковка лучше. Из минусов- иногда немного поскрипывают.

Это ролик ZGTS упакованный в коробку Medic roller.

Когда мы заказывали нам предложили на выбор две тубы ( DTR или MNS)

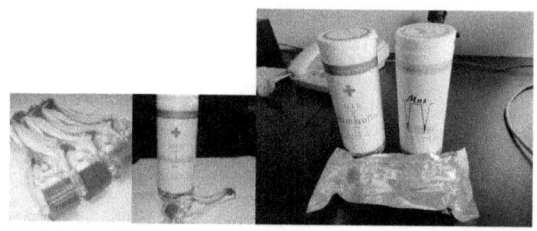

## 4. MNS роллеры

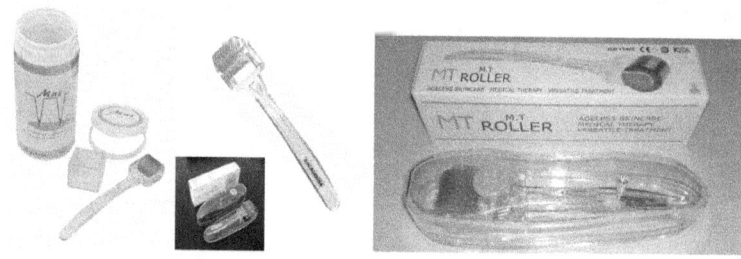

 На всех фотографиях один и тот же дермароллер. Стандартно он идет с титановыми иглами. На каждой ручке есть персональный номер (он действительно не повторяется). Мезороллер внешне копирует известный Американский роллер MTS Clinical resolution (обзор №10).

**Минусы MNS-** упаковка, иногда бывает положат в пластиковую коробочку вверх ногами, и иголки от этого гнутся. Отсюда и рассказы о том что у не оригинальных роликов погнутые иглы, вырывающий кожу и пр. Все это сказки для того чтобы вас напугать. А реально дело обстоит следующим образом: если вдруг вам достался ролик с браком, вы звоните своему продавцу и он вам меняет его на другой. По цене- они дешевле ZGTS

**Как узнать что иглы погнуты?** Очень просто вы их почувствуете сразу же. Да и зрительно видно что игла (Ы) у роллера загнулись. Вы не сможете им пользоваться и почувствуете это сразу же!

Страшного в погнутых иглах ничего нет, кроме разве что того, что придется менять ролик.

Вывод. В целом роллеры не плохие.

**5. Штампы – мезороллеры.**

Удобно работать штампиком под глаза, но у нас практически никто это не делает.

## 6. Дермаштамп профессиональный.

- Регулируется длина иглы в зависимости от необходимости. Т.е. вы можете обработать одним штампом зону вокруг глаз установив длину иглы 0,5 мм; щеки, установив длину иглы 1,0 мм; шею, установив длину иглы 0,3 мм; живот установив длину иглы 1,5 мм И все это вы можете сделать одной насадкой изменяя длину иглы на регуляторе ручки.

- Регулируется скорость и сила ударов дермаштампа. Специальный регулятор позволяет делать быстрее и сильнее - медленнее и слабее.

- Стерильные насадки для каждой процедуры. Вы можете использовать одну насадку для каждой процедуры. Взяв на следующую новую и стерильную насадку. Отпадает необходимость подписывать, стерилизовать и хранить отдельный мезороллер для каждого клиента.

## 7. Самые популярные МТ мезороллеры.

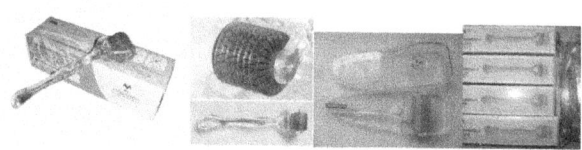

По этим роллерам: Самая популярная модель, иглы сделаны из медицинской стали. Очень дешевый и качественный ролик. Иглы не выпадают, не загибаются, вобщем сделан очень хорошо. Есть в оранжевом цвете. Их покупают ОЧЕНЬ много косметических фирм, перепаковывают в свои коробки и продают. Так что смотрите, если вам попался ролик как на фото №2, то это МТ.

Основное отличие мезороллера с иглами из мед. стали от мезороллера с иглами из титанового сплава- это срок службы. Иглы у мезороллеров из медицинской стали быстрее тупятся. По нашим исследованиям и наших клиентов- косметологов с большим опытом работы данным инструментом, такого ролика для работы по лицу в условиях косметического кабинета хватает на 7-8 процедур. Эта цифра конечно же варьируется в зависимости от многих факторов, например: типа кожи, обрабатываемой площади, степени надавливания на мезороллер и многих других факторов.

Качество данных роллеров подтверждается нашим многолетним опытом работы с ними. Это самая популярная модель в мире (скорее благодаря самой низкой цене из всей линейки мезороллеров).

Из замеченных минусов- иногда ролик немного скрипит. Пока внутри барабан не притрется об пластмассу.

## 8. Фотоновые ролики, ролики со сменными головками.

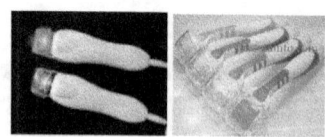

Мезороллер MNS (первое фото) больше предназначен для профессионального применения и подходит для частой смены насадок. В комплекте 2 насадки.

Мезороллер DTR (на втором фото) предназначен для домашнего применения и редкой смены насадок (т.е. примерно смена один раз за 10 процедур). В комплекте одна насадка.

**Что дает свет?**

Красный 633 nm красный свет фотонного мезороллера со сменными головками.

Ускорение регенерации заживления:, увеличение выносливости и сопротивляемости кожи способствует клеточному метаболизму, борется с видимым процессом старения.

Желтый 590 nm свет фотонного мезороллера со сменными головками.

Уменьшение гиперемии, уменьшение жирности кожи, сужение расширенных пор, значительное побледнение красных поствоспалительных пятен, частичное или полное разглаживание рубцов постакне, значительное улучшение состояния кожи, повышение эффективности дерматокосметологических процедур.

Зеленый 560 nm свет фотонного мезороллера со сменными головками.

Предназначен для лечения широкого спектра сосудистых проблем, гиперпигментация кожи, кофейные пятна, веснушки, послеоперационные телеангиэктазии, разглаживание рубцов, лазерный фэйс-лифтинг. Зеленый свет успешно применяется для лечения акне и разглаживания морщин и удаления неокрашенных эпителиальных образований кожи.

Голубой 405 нм свет фотонного мезороллера со сменными головками.

Антибактериальный, противовоспалительный, регенерирующий, осветляющий эффект (лечении гиперпигментации), тормозит секрецию кожного сала, эффективно борется с проявлениями старения, улучшает тонус кожи. Укрепляет волосяные фолликулы, стимулирует рост волос.

## 9. Dermaroller (Германия).

Это фото оригинальных дермароллеров и коробки. Под них есть много подделок.

Иглы у них хорошие, острые. Медицинская сталь. У них два недостатка- цена и внешний вид. Хотя сейчас начали производить очень красивые внешне модели. Но все равно, неоправдано дорого!

## 10. MTS (Clinical resolution) USA.

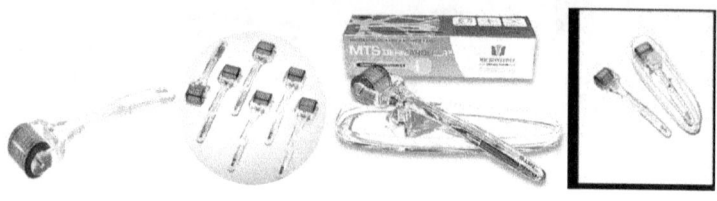

Вот оригинальный MTS dermaroller. У него на ручке стоит маркировка MTS, с другой стороны персональный код, сверху перед барабаном буква V. Еще они отличаются по цвету, видно на фото №2 (0,2-0,5мм ручка светлее, 1-2,0 мм ручка более голубая). У оригинального дермароллера на крышке золотая наклейка с моделью. Обращайте внимание, именно их часто выкладывают на сайтах, а на деле продают МТ модель (обзор №6). Если видите такой ролик на фото (в продаже в интернет магазине), то запрашивайте реальные фотографии коробки и ролика.

Ролики отличные, очень приятно держать в руке и работать, минус только один - цена.

## Пятьдесят вопросов про мезороллер.

1. Что такое мезороллер?

   Если говорить довольно упрощённо, то мезороллер – это валик с примерно двумя сотнями закрепленных игл, сделанных из специальной медицинской стали. Существуют несколько модификаций с самой различной длиной микроигл: для домашнего использования с длиной игл 0,2 - 0,5мм и для профессиональных процедур от 1 до 3мм.
   Важно отметить, что модель подбирается индивидуально в зависимости от сложности устраняемой проблемы.

2. Как работает данный прибор?

   Мезороллер воздействует на кожу с помощью двух факторов:
   1 – Индукции (выработке) коллагена и эластина - тончайшие микроиглы кратковременно прокалывает кожу, стимулируя ее к выработке собственного коллагена, эластина и самовосстановлению,
   2 - Абсолютного впитывания - образовавшиеся микроканалы способствуют лучшему проникновению терапевтических сывороток и коктейлей сквозь эпидермальный барьер в глубокие слои кожи в 400 раз.

   Ни в коем случае нельзя забывать об обязательных правилах! Первое из них гласит: Один роллер применяется только одним человеком. Кроме того: Перед каждым применением кожа и роллер обрабатывается антисептиком. Важно помнить, что процедуры необходимо проводить исключительно в стерильных перчатках.

3. Сколько раз можно использовать один мезороллер?

   Один мезороллер можно использовать 10-15 раз. Потом следует заменить ролик. Со временем иголки затупляются и уже не дают того эффекта, что сначала.

4. Как правильно очищать кожу перед использованием мезороллера?

   Прежде всего, удалите макияж и тщательно очистите кожу с помощью геля для умывания, ополосните и промокните одноразовой салфеткой.

5. Как наносить активные ингредиенты (концентрат, сыворотка)?

   Нанесите первый слой концентрата или сыворотки на обрабатываемую область круговыми движениями, медленно втирая вещество в кожу. Помните, что препарат с активными ингредиентами: пептидами, витаминами, ретинолом или факторами роста, должен соответствовать рекомендациям профессионального ухода за кожей.

6. Как правильно использовать мезороллер?

   Прежде, чем приступить к практическому использованию мезороллера, следует разделить область обработки на более мелкие зоны, (например: лоб, нос, щеки, область вокруг рта и область шеи). Прокатывайте мезороллер по коже с одинаковым давлением. Каждую зону обрабатывайте по 10 раз вертикально, горизонтально и затем, по диагонали в обоих направлениях.

7. Рекомендовано ли дополнительное нанесение завершающего крема после использования мезороллера?

   После процедуры очень кстати оказался бы крем для питания и увлажнения кожи с SPF-факторами. Если после использования мезороллера кожа по-прежнему остаётся в высокой степени чувствительной – есть смысл не использовать прибор до тех пор, пока кожа не придёт в норму.

8. Нужно ли использовать скраб при лечении кожи мезороллером?

   Скраб нужно использовать через три дня после процедуры. Более того, это умывание со скрабом является обязательным.

9. Нуждается ли мезороллер в очищении?

   Да, после каждой процедуры прибор необходимо очищать. Сначала следует поместить дерматороллер в специальный раствор для стерилизации, а потом оставить Мезороллер в закрытом футляре.

10. Можно ли двум и более людей одновременно использовать один прибор?

    Ни в коем случае, мезороллер является косметологическим инструментом для индивидуального использования. В этом он схож с зубной щёткой.

11. В каких случаях использование мезороллера недопустимо?

Запрещено использование мезороллера на раздражённой или инфицированной коже: при грибковых и вирусных инфекциях, гнойничковых поражения кожи, экземе, псориазе, на открытых раневых поверхностях и любых новообразованиях (бородавки, крупные родинки, кератомы и др.)

12. Существуют ли побочные эффекты от применения мезороллера?

Клинические испытания данного косметологического инструмента не выявили никаких побочных эффектов при правильном его использовании. По сути, необходимо чёткое соблюдение инструкций. Не лишним был бы и контроль косметолога.

13. Мезороллер хрупок?

Да. Этот прибор очень легко повредить, потому его необходимо держать в специальном защитном футляре и беречь от контактов с твёрдыми поверхностями. В случае, если Вы уронили мезороллер, его необходимо заменить, ведь вы рискуете травмировать кожу.

14. Как часто нужно применять мезороллер?

Мезороллер следует применять не чаще одного раза в семь дней. Помните также о том, что один прибор рассчитан на 10-15 использований. Важно помнить, что Мезороллер с мелкими иглами, на пример 0,5 мм можно использовать большее количество раз, где-то до пятнадцати. В то же время, прибор с иглами 2мм после десятого использования становится непригодным.

15. Что делать, если есть желание использовать мезороллер при наличии аллергии на медицинскую сталь?

Если у Вас аллергия на медицинскую сталь, то есть смысл заказать мезороллер с позолоченными иглами. Это решит Вашу проблему. Кроме того, такие микроиглы блокируют активность микроорганизмов. Золотое покрытие также в значительной мере препятствует коррозии игл.

16. Могут ли мужчины использовать мезороллер?

Разумеется, мужчины тоже используют Мезороллер. Им ведь тоже важно иметь здоровую и красивую кожу, а Мезороллер способен всё это обеспечить.

17. Можно ли бриться на следующий день после использования мезороллера?

Всё зависит от толщины игл, которые используются при процедуре. К примеру, если толщина игл будет от 0,2 до 0,5 см, то никакого покраснения на следующий день наблюдаться не будет, и лицо можно брить. Если же использовались более долгие иглы, то лучше день-два подождать.

18. Любой Мезороллер можно использовать только 10-15 раз, или есть более «живучие»?

Не смотря на то, что иглы могут быть не только стальными, но и титановыми, и позолоченными, использование любого роллера допустимо не более, чем 10-15 раз (зависит от толщины игл).

19. Можно ли посещать солярий или сауну после использования Мезороллер?

    в зависимости от размера иголок посещать сауну и солярий не рекомендуется в течении:
    Роллер 2мм- 5 дней
    Роллер 1-1,5мм- 4 дня
    Роллер 0,5мм- 3 дня
    Это тот срок в течении которого кожа восстанавливается после процедуры.

20. Есть ли сезонные ограничения, связанные с солнечной активностью?

    Летом обязательно после процедуры наносить солнцезащитный крем с фактором защиты не меньше 50. Это касается открытых участков кожи.
    Рекомендуем проводить курсы процедур осень-весна.

21. Что делать с роллером после процедуры, ведь обычно мезотерапия осуществляется одноразовыми иглами?

    Нужно понимать, что роллер - это персональный инструмент для одного человека. Его стерилизуют либо в спирте, либо же в хлоргексидине. Это делается до и после процедуры (до процедуры просто сбрызгиваете), после - на 2 минуты полностью погружая иголки. Также перед процедурой вы очищаете лицо, протираете его антисептиком.

22. Можно ли беременным пользоваться мезороллером?

    Зависит от того, на какой части тела Вы собираетесь его использовать. Волосы, лицо, бедра можно (маленькими иголками- 0,2- 0,3 мм), а живот и грудь нельзя.

23. Если на ноге есть капиллярная сетка, можно ли использовать роллер?

    Можно, но только в том случае, если длина иглы не превышает 0,2 мм. В общем, здесь главное – не навредить, ведь капиллярная не является кожным заболеванием.

24. Можно ли применять мезороллеры для удаления шрамов на ногах, когда у человека варикоз?

    Нет. Работать мезороллером по варикозу нельзя.

25. Какой длины иглы помогут от выпадения волос (аллопеции)?

    Возьмите 1,0- 2,0 мм. По волосам, после 3-х раз должен быть эффект, но надо делать со специальным мезококтейлем.

26. Мезороллером нужно пользоваться постоянно, или результаты временны?

Смотря, какой проблемы это касается. Разумеется, морщины убираются на время, мы ведь продолжаем стареть, а вот решение вопроса, связанного, к примеру, с выпадением волос должно иметь долгосрочную перспективу. Как правило, для полного результата хватает двух сеансов.

27. Помогает ли мезороллер при атрофических рубцах?

Зависит от того, каков их возраст. Если рубцы свежие (год-два), то будет вполне достаточно одного курса. Если же лет им больше, то скорее всего убрать их полностью будет невозможно. Возможно лишь сглаживание.

28. Есть ли возрастные ограничения, связанные с использованием мезороллера?

Нет. Таких ограничений не существует.

29. Можно использовать мезороллер при отеках и на сколько он эффективен в решении проблем темных кругов под глазами. И какой диаметр лучше для зоны вокруг глаз?

Мезороллер очень хорошо увеличивает кровообращение вокруг глаз, сильно усиливается впитывание компонентов, таким образом с темными кругами он борется и правильно подобранные коктейли хорошо уменьшают круги и оттеки. Вам надо брать самую маленькую иглу- 0,3 мм.

30. Может ли микроигольчатая терапия быть альтернативой лазерной терапии?

Микроигольчатая терапия вполне может быть альтернативой лазерной шлифовке для пациентов, которым противопоказана лазерная шлифовка, или же для тех, кто предпочитает процедуры с минимальными рисками. Кроме того, использование мезороллера, всё-таки, дешевле.

31. Когда, после использования мезороллера можно загорать?

Только через два-три дня. Лучше – через три. Кроме того, на протяжении трёх дней необходимо пользоваться солнцезащитным кремом с фактором защиты не менее 30. Разумеется, это касается летнего периода, и открытых участков кожи.

32. Подскажите, пожалуйста, гидрофильное масло можно использовать при использовании мезороллера?

Да, безусловно, можно. Гидрофильное масло - отличная альтернатива пенкам, мылу, гелям и любым очищающим средствам. Кроме того, подходит оно для всех типов кожи.

33. Скажите, если на лице есть небольшие сосудики, то можно ли по ним проводить роллером?

Да, существуют специальные коктейли, которые предназначены для укрепления сосудов. Но стоит помнить, что длина иглы должна быть 0,2-0,3 мм максимум.

Больше нельзя. Проводить роллером можно только вокруг глаз по границе глазной впадины (по косточке).

34. У меня сразу две проблемы – целлюлит и капиллярная сетка. Поможет ли мезороллер?

Мезороллер способен очень хорошо укрепить капиллярную сетку. Главное, не использовать по капиллярной сетке иглы, длиннее 0,3 мм. В этом случае хорошо брать мезороллер со сменными насадками. Капиллярную сетку обрабатывать 0,3 мм, а остальные зоны 1,5 мм.

35. Как использовать коктейли для мезороллера?

Эти коктейли предназначены для неинъекционного введения в кожу при помощи мезороллера. Кроме того, их можно использовать и для восстановительных процедур уже после использования мезороллера.
Нанесите 5-6 капель на предварительно очищенную кожу лица, шеи. Обработать мезороллером. Опять нанести активный комплекс, оставить примерно на 5 минут для эффективного воздействия, затем нанесите успокаивающую маску

36. Чем вообще обуславливается эффективность мезороллера?

Все очень даже просто. Эффективность мезороллера обусловлена очень активным воздействием на структуру кожного покрова и эпидермиса. В результате чего мы можем наблюдать ускоренное выделение коллагена, а также повышенную восприимчивость слоями кожного покрова самых различных терапевтических препаратов. Мезороллер смело можно назвать одним из самых успешных изобретений по уходу за кожей.

37. Сопряжено ли использование мезороллера с болевыми ощущениями?

Если адекватно подходить к использованию данного прибора, то никаких болевых ощущений не будет. Конечно, необходимо правильно подбирать размер игл, чтобы они оказались максимально подходящими для решения ваших проблем. Чем тоньше игла, тем меньше вероятность дискомфорта. Многие люди выбирают мезороллер именно потому, что его использование не сопряжено с болью.

38. Подскажите, пожалуйста, какую длину игл и какой коктейль взять для лечения целлюлита и дряблой кожи на животе и бедрах?

Для живота, равно как и бедер нужно использовать иглы 1,5 - 2 мм. Используются они со специальными коктейлями.

39. Можно ли стерилизовать мезороллер спиртом?

Да, можно. Главное не наносить спирт на лицо, ведь он очень сушит кожу. Также подойдёт хлоргексидин. От перекиси водорода позолоченные иглы окисляются.

40. Подскажите, может ли мезороллер эффективно справиться с морщинками вокруг глаз?

Да, безусловно, может. Но помните, что для этого нужны иголки минимальной длины, то есть 0,3-0,5 мм. Ну и, разумеется, никогда нельзя забывать об осторожности, особенно когда речь идёт об участках кожи, находящихся в непосредственной близости от глаз.

41. Можно ли заменить ролик на мезороллере?

На многих моделях ролик не снимается и не меняется. После того, как мезороллер отслужил своё, его следует заменить на новый. Есть специальные модели со сменными насадками.

42. Какой длины должен быть перерыв между курсами процедур с использованием мезороллера?

Перерыв должен составлять минимум месяц. Кстати, после перерыва, вполне можно приобрести новый мезороллер с несколько большей длинной иголок. Это также может оказать положительный эффект.

43. Подскажите, пожалуйста, как часто можно использовать мезороллер?

Мезороллер длиной иглы более 0,5мм следует использовать раз в неделю, или, в крайнем случае, не чаще, чем раз в пять дней. Если чётко придерживаться этого правила, то побочные эффекты исключены.

44. Расскажите, пожалуйста, для чего предназначены мезороллеры с длинной игл 0,25 мм?

Сокращает расширеные поры,
Уплотняет кожу,
Сокращает неглубокие морщины.
Отбеливает пигментные пятна (гиперпигментация),
Улучшает рост волос,
Восстанавливает ровный цвет кожи
Увеличивает впитываемость кремов.

45. Расскажите, пожалуйста, для чего предназначены мезороллеры с длинной игл 0,5 мм?

Травматические, неглубокие ожоговые шрамы,
Гиперпигментация,
Разглаживание морщин 0,5мм- область вокруг глаз, шея
Мезотерапия – Введение коктейлей и активных компонетов.

46. Расскажите, пожалуйста, для чего предназначены мезороллеры с длинной игл 1,0 мм?

Постакне – после угревой болезни
Травматические, неглубокие ожоговые шрамы,
Целлюлит 1-ая стадия (начальный),
Гиперпигментация,
Разглаживание морщин1,0мм- мимические морщины
Лечение алопеции (или облысения),
Мезотерапия – Введение коктейлей и активных компонентов.

47. Расскажите, пожалуйста, для чего предназначены мезороллеры с длинной игл 1.5-2,0мм?

Глубокие растяжки (стрии)
Разглаживание глубоких дермальных морщин,
Постакне – глубокие дефекты после угревой болезни
Лечение 2-й стадии целлюлита,
Лечение обвисания кожи,
Уплотнение дряблой кожи,
Лифтинг – подтяжка кожи лица и тела
Индукция коллагена

48. Расскажите, пожалуйста, для чего предназначены мезороллеры с длинной игл 2.0 мм?

Глубокие растяжки (стрии)
Разглаживание глубоких дермальных морщин,
Глубокие Шрамы: хирургические, ожоговые,
Глубокие атрофические рубцы,
Постакне – глубокие дефекты после угревой болезни
Лечение 3-й стадии Целлюлита,
Лечение обвисания кожи,
Уплотнение дряблой кожи,
шрамы (в том числе хирургические шрамы и шрамы от подтяжки лица и трансплантации волос)

49. Есть ли общая инструкция по применению мезороллера?

Да, большинство приборов идут с инструкцией следующего содержания:

Шаг 1 – Очистка кожи и анестезия специальным кремом (при использовании мезороллеров с 1,0 мм и более иглами) Удалите макияж и тщательно очистите кожу с помощью геля для умывания, ополосните и промокните одноразовой салфеткой.При мезороллера использовании игл 1 мм и более наносится обезболивающий крем на 20-30мин (до процедуры).

Шаг 2 — Нанесение активных ингредиентов — нанесение коктейля для мезороллера. Нанесите первый слой коктейля перед началом работы мезороллера на обрабатываемую область.

Шаг 3 – Использование Мезороллера.

Разделите область обработки на более мелкие зоны, (например: лоб, нос, щеки, область вокруг рта и область шеи). Прокатайте Мезороллер по коже с одинаковым давлением. Каждую зону обрабатывайте мезороллером по 10 раз вертикально, горизонтально и затем, по-диагонали в обоих направлениях.

Шаг 4 – Повторное нанесение активных ингредиентов. Коктейлей.
Нанесите коктейль после завершения обработки кожи мезороллером. Теперь, благодаря образованным роллом микроканалам, эффективность проникновения активных ингредиентов в кожу увеличилась в 40 раз! Подождите несколько минут, дайте время препарату впитаться.

Шаг 5 – Можно продолжить нанесением успокаивающей маски.
На обработанный участок нанесите успокаивающую маску на 20 минут. Подойдут коллагеновые маски.

Шаг 6 – Защита – нанесение крема.
Рекомендуется дополнительное нанесение завершающего крема для питания и увлажнения кожи с SPF-факторами. Если Ваша кожа остается чувствительной после лечения, то не рекомендуется использовать Мезороллер снова, пока она не успокоится. Лечение следует повторять от двух до семи раз в неделю. Чем чаще проводятся процедуры, тем лучше результат. Мезороллер 0.25 мм можно применять через день, мезороллер длиной иглы больше 1.0 мм- один раз в неделю.

Шаг 7 – Очищение Мезороллера.

Перед и после каждой процедуры погрузите мезороллер в раствор для стерелизации инструментов, стряхните излишки раствора и оставьте Мезороллер в проветриваемом месте в пластиковом футляре. Никогда не пользуйтесь Мезороллером вместе с другим человеком – этот косметический инструмент для индивидуального использования.

Храните Мезороллер только в защитном футляре. Берегите его от контакта с твердыми поверхностями. Если Вы уронили Мезороллер, его необходимо заменить, т.к. дальнейшее использование может травмировать Вашу кожу.

**ВАЖНО !!!**

После каждого применения мезороллер необходимо продезинфицировать. Потом поместить в футляр и какое-то время не закрывать его, дав мезороллеру высохнуть.

50. Сколько процедур потребуется, чтобы мезороллер помог избавиться от целлюлита?

Каждая проблема индивидуальна. Как правило, нужно не менее десяти сеансов, которые проводятся раз в 7 дней.

## Котейли для мезороллеров. Как подобрать?

**Преимущество ампульных комплексов.**
1): Высокая концентрация, по сравнению с кремами- в 20-30 раз выше
2): негормональное натуральное сырье
3) не содержит минеральные масла, без искусственных красителей и синтетических ароматов Предпочтительно использовать с мезороллером либо с применением аппаратной косметологии.

Использование с мезороллером. Проблема и длина игл:
1. осветления кожи, морщины. Для тусклого цвета лица, гиперпигментация, морщины (в т.ч. мимические и морщины вокруг глаз)
Мезороллер 0,5-1,0 мм

2. Постакне, расширенные поры. Проблема: акне, угри, прыщи, гипертрофия рогового слоя, жирная кожа, обезвоживание и другие проблемы кожи.
Мезороллер 0,5-1,0 мм

3. удаление растяжек. Применимо к: растяжки (стрии), шрамы. Формирование растяжек после беременности, быстрый рост в результате разрыв эластичных волокон. ( обычно в подростковом возрасте), либо при появление растяжек при изменении веса. Удаление шрамов, в т.ч постакне (от угревой сыпи).
Мезороллер 1,5-2,0 мм

4. увлажняющее действие. кожа: сухая, грубая, чувствительная, шелушащаяся кожа
Мезороллер 0,3-0,5 мм

5. Обновление кожи, лифтинг- Кожа: зрелая кожа, обезвоженность, усталость, старение кожи, нависание век, возрастная потеря овала лица, тусклый свет кожи, необходимость глубокого питательного анти-возрастного комплекса.
Мезороллер 1,0 мм

6. Удаление морщин вокруг глаз- 5- 7 дней / 10 / лечение Проблема: Сетка морщин вокруг глаз, нависание верхнего века, «гусиные лапки», возрастные и мимические морщины.
Мезороллер 0,3-0,5 мм

7. Антицеллюлит.При целлюлите всех стадий.
Мезороллер 1,5- 2,0 мм

После вскрытия желательно хранить в темном прохладном месте, использовать в течении 6 мес.

# Инновационные технологии EGF & AFGF

. Косметика 21 века или что нового в косметической медицине?

Наша команда постоянно следит за косметическим рынком и особенно за ампульными препаратами, которые вводятся с помощью мезороллера.

Представляем вам последние разработки в области косметологии. Коктейли:
EGF (эпидермальный фактор роста- Epidermal Growth Factor)
AFGF (кислотный фактор роста фибропластов- Acidic Fibroblast Growth Factor)
Подробнее о каждом из препаратов:

EGF (Эпидермальный Фактор роста- Epidermal Growth Factor)

 Эпидермисом называют наружный слой кожи, защищающий ее от вредных внешних воздействий. Поэтому название EGF (еще называют- rhEGF) «эпидермальный фактор роста» расшифровывается  как вещество способствующее восстановлению и росту кожи.

EGF коктейли  помогают восстановить фактор роста эпидермиса- человеческий полипептид, который стимулирует рост коллагена и следовательно, омолаживает кожу, борется с морщинами и даже лечит шрамы.
EGF (коктели) – препарат, относящийся к новейшей и наиболее перспективной, группе восстанавливающих лекарственных средств.  Вещество EGF  имеется во всех клетках организма. Оно  регулируют процессы восстановления, деления, регенерации и функционирования клеток нашего организма.

Впервые EGF было выделено из слюнной железы мыши. **Сделал это доктор Стэнли Коэном (США) в 1962 году и в последующем его работы по выделению EGF заслужили Нобелевскую премию.** Через некоторое это вещество было обнаружено и у человека. Оказалось, что EGF  способно ускорять лечение ожогов, восстанавливать кожу, способствовать скорейшему заживлению и восстановлению при многих болезнях.  Основная роль в эффективности этого соединения: оно запускает систему химических реакций, усиливает рост и деление клеток кожи и других тканей организма.
**Молекулярная структура EGF совпадает со структурой собственного человеческого эпидермального фактора роста полностью.**
Эпидермальный фактор роста стимулирует рост многих типов клеток, управляет ростом клеток эпителия, эндотелия и фибробластов, и усиливает ряд биологических процессов, улучшает пролиферацию (деление) тканей, регулирует хемотаксис. Хемотаксис – двигательная реакция клеток в ответ на действие какого-либо внешнего раздражителя. В нашем случае повышенная концентрация EGF  тканях вызывает быстрое перемещение клеток из неповрежденных здоровых областей в пораженные участки. Таким образом, поврежденная поверхность в короткие сроки

выстилается клетками, что способствует быстрому заживлению кожи и слизистых, без шрамов, а так же препятствует инфицированию кожи и значительно сокращает сроки заживления.

## AFGF (Кислотный Фактор роста Фибропластов- Acidic Fibroblast Growth Factor)

**aFGF- Кислотный фактор роста фибробластов** (другие названия **FGFa**, FGF-1, FGF- кислый, кислый фактор роста фибробластов) – гепаринсвязывающий белок, стимулирует синтез ДНК и деление различных клеток мезенхимального происхождения, включая гладкомышечные и клетки сосудистого эндотелия.

Фактор роста **фибробластов (FGF)** является естественным веществом, способным стимулировать рост клеток, распространения и клеточной дифференцировки. Факторы роста имеют важное значение для регуляции различных клеточных процессов. Они обычно выступают в качестве сигнальных молекул между клетками.
То есть основное назначение фибробластов – они играют важную роль в заживлении ран, синтезируют компоненты межклеточного вещества:

- белков (коллагена и эластина), которые формируют волокна

- протеогликанов и гликопротеинов основного аморфного вещества.

Ученые называют эти клетки «мини-фабриками»: именно они производят коллаген, эластин и гиалуроновую кислоту – все те компоненты, ради стимуляции воспроизводства которых разрабатываются самые прогрессивные косметологические препараты и процедуры.
С возрастом фибробласты работают все медленнее, из-за этого кожа становится тоньше и теряет упругость. А с помощью инъекций в кожу с помощью мезороллера они начинают активно работать и восстанавливать кожу.
Первой эту технологию запатентовала американская компания Fibrocell Science еще в 1994 году. Ее стали применять вначале в хирургии – для лечения ожогов и долго не заживающих ран.

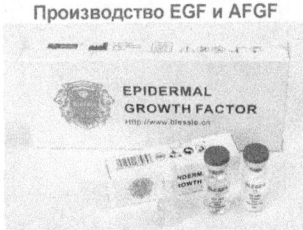

Производство EGF и AFGF

Технология производства, стерильность всех помещений и уникальное медицинское оборудование для производства EGF и AFGF коктейлей полностью соответствуют всем международным стандартам GMP ( Good Manufacturing Practice ). Продукция прошла неоднократное тестирование и имеет международные сертификаты.

После обнаружения EFG у человека ученые начали исследовать где же больше всего содержится в организме и как он выводится. Выяснили, что больше всего его содержится в моче и слюне. Изначально для получения 1 гр. EFG перерабатывали около 100 000 литров урины. Стоил 1гр. около 800 000 дол.США

С появлением нано-технологий себестоимость производства сократилась до минимума. Сейчас этот коктейль выпускается в виде лиофилизированного порошка EGF и разбавителя (активатора порошка).

Сейчас фирма Blessie совместно с Японией и Францией выпустила EGF и AFGF коктейли.

**Как он выглядит?**

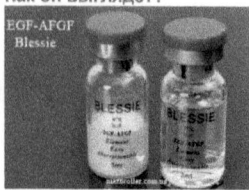

Коктейли EGF и AFGF расфасованы по флаконам объемом 3 мл.

**Где купить?**

www.mezoroller.com.ua   www.roller.in.ua

www.mezoroller.discountcenter.com.ua

оптом с доставкой по всему миру можно купить на   www.krasotainfo.com


**Как он работает? Подведем итоги.**

**EGF- AFGF коктейли**

EGF коктейли помогают восстановить фактор роста эпидермиса- человеческий полипептид, который стимулирует рост коллагена и следовательно, омолаживает кожу, борется с морщинами и даже лечит шрамы.

Молекулярная структура EGF совпадает со структурой собственного человеческого эпидермального фактора роста полностью.

Таким образом, поврежденная поверхность в короткие сроки выстилается клетками, что способствует быстрому заживлению кожи и слизистых, без шрамов, а так же препятствует инфицированию кожи и значительно сокращает сроки заживления.

Эпидермальный фактор роста стимулирует рост многих типов клеток

AFGF Ученые называют эти клетки «мини-фабриками»: именно они производят коллаген, эластин и гиалуроновую кислоту – все те компоненты, ради стимуляции воспроизводства которых разрабатываются самые прогрессивные косметологические препараты и процедуры.

С возрастом фибробласты работают все медленнее, из-за этого кожа становится тоньше и теряет упругость. А с помощью инъекций в кожу с помощью мезороллера они начинают активно работать и восстанавливать кожу.

AFGF призвано кардинально улучшить микроциркуляцию кожи, повысить плотность капилляров, улучшение впитываемости компонентов, улучшение и усиление функции кожи, кожа приобретает естественный цвет, для достижения здорового и красивого эффекта.

**Где найти информацию?**
**Исследования по коктейлям EGF и aFGF.**
1. Сборник научных статей со всего мира по исследованию EGF — Европейский журнал Mendeley (англ. язык)- http://www.mendeley.com/research/topical-application-epidermal-growth-factor/

2. Исследование Institute of Sports Medicine, Peking University Third Hospital, No.49, North Garden Road, Haidian District. — английский язык. http://cdn.intechopen.com/pdfs/17934/InTech-The_different_effects_of_tgf_1_vegf_and_pdgf_on_the_remodeling_of_anterior_cruciate_ligament_graft.pdf

3. Исследование Novo-Nexus (единственное исследование что мы нашли на русском) это российская компания, занимающаяся новыми высокотехнологичными продуктами в сфере красоты и здоровья. Они исследовали действие EGF в ожоговом центре и написали отчет о восстановлении кожи. http://www.novo-nexus.ru/beauty-salon/articles/egf/

4. http://melon-panda.livejournal.com/303653.html — Обсуждение EGF, форум в livejournal (ненаучная статья, но написано просто и понятно.)

5. Южнокорейский медицинский университет исследование EGF на крысах (англ. язык) http://www.ncbi.nlm.nih.gov/pubmed/16645332

Какие еще новинки ?

## Коктейли MYM

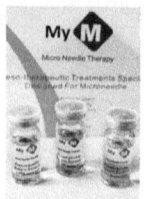

**W- серия- от морщин** Высококонцентрированная гиалуроновая кислота с пептидным комплексом.Пептидный комплекс содержит матричные пептиды, которые проникают в глубокие слои кожи, запускают и стимулируют обновление клеток и оказывают мощное омолаживающее действие. При применении с мезороллером в результате сглаживается рельеф кожи и уменьшается глубина морщин. Кожа становится более подтянутой, эластичной и упругой, цвет лица — более ровным.Преимущества гексапептидного комплекса: быстрое увлажнение, отбеливание кожи, уменьшение пор, лифтинг эффект, разглаживание морщин.

**CL- от целлюлита** Высококонцентрированная гиалуроновая кислота с L-карнитином ( аминокислота окисляющая жир) и биоэкстрактами.экстракт зеленого чая, усиливает сжигание жира, увеличивает расход энергии, ускоряет обмен веществ.экстракт гуараны активизирует влияние адреналина на жировую ткань и ускоряет сжигание жиров.экстракт морских водорослей подтягивает кожу, повышает эластичность, упругость, помогает удалению жирных кислот.

**SM — от шрамов, рубцов, растяжек.** Высококонцентрированная гиалуроновая кислота с аллантоином и биоэкстракты водорослей, аниса (бадьяна), лука, имбиря.аллантоин- оказывает двоякое воздействие на кожу: смягчает роговой слой, способствуя отделению отмерших клеток, и стимулирует регенерацию тканей. экстракт морских водорослей подтягивает кожу, повышает эластичность, упругость, помогает удалению жирных кислот. экстракт лука- известное народное средство от рубцов и шрамов. Экстракт аниса- восстанавливает кожу, заживляет. Экстракт имбиря - стимулирует кровообращение.

Богатые природные растительные экстракты и быстро и глубоко проникают в кожу, дают необходимое питание кожи увлажнение, удаляют пигментные пятна, эффективно отбеливают кожу, улучшают цвет лица. Как использовать: — подходит для использования с мезороллером. Выбирайте длину иглы соответствующую проблеме. — использование в аппаратной косметологии. — в качестве активного компонента под альгинатные маски.
Характеристики: 10ML

## Коктейль Blessie Gold

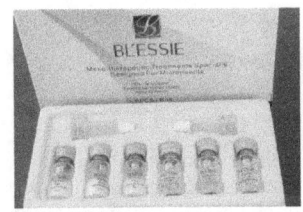

**Стерильные** коктейли для мезороллера.
Предназначены для **неинъекционного** введения с помощью мезороллера.
Можно использовать для активного питания и восстановления после мезотерапии.
Используются в аппаратной косметологии.
Разведенный флакон использовать в течении 5 дней.
Характеристики: два флакона разбавитель 3ML+ порошок.
**Состав: deionized water, Sodium hyaluronate (base) , Aloe vera gel (3%), acetil hexapeptide 3 (5%), Matrixyl 3000 (5%), EGF (1%), Vitamin B-5 (1%), DMAE (1%), Pentaxyl (5%), Propilene Glycol (1,5%), Phenoxyethanol (1%) , Magnesium Ascorbyl Phosphate (1%), Palmitoyl Tripeptide-28 (3%), AE Protek NPB (0.25%)**

## Коктейль Blessie Anti-age

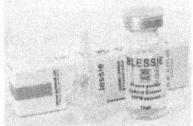

Высококонцентрированная гиалуроновая кислота (30-40 % концентрация) и коэнзим Q10, экстракты эффективны при борьбе с морщинами, устраняют гусиные лапки вокруг глаз, сильный антиоксидант, наполняет кожу сиянием, кожа приобретает эластичность. Богатые природные растительные экстракты и быстро и глубоко проникают в кожу, дают необходимое питание кожи увлажнение, улучшают цвет лица.
Эффективно при: Гиперпигментации, расширенных порах, сухости и стянутости кожи, темные круги вокруг глаз, сетка мелких морщин, мимические морщины, веснушки, солнечные ожоги, хлоазма и другие дефекты кожи.

коэнзим Q10, является одним из самых эффективных компонентов антивозрастной косметики, наиболее эффективен при борьбе с морщинами, устраняет гусиные лапки вокруг глаз, является сильным антиоксидантом и косметические средства, содержащие коэнзим Q10, имееют уникальный эффект в борьбе против старения и наполняют кожу сиянием кожа приобретает эластичность.
Состав: Гиалуроновая кислота, коэнзим Q10, экстаркт шафрана, экстракт гамамелиса, ромашки, аллантоин, экстракт огурца, алоэ вера.
Характеристики: 10ML

## Коктейли ZUYEA Для волос

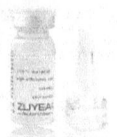

Для волос. На основе природных экстрактов, содержит гиалуроновую кислоту для увлажнения волос. Эффективно восстанавливает, питает и укрепляет волосы.**Лечение облысения, выпадения волос. Укрепление.** Несмотря на то, что причина выпадения волос до конца не исследована, существует множество различных факторов, влияющих на остановку функционирования наших волосяных фолликул с возрастом это усугубляет. Это коктейль направлен на приостановку выпадения волос, стимулирует рост новых волос и обновление фолликул.В коктейле используются только **натуральные природные компоненты,** витамины, гиалуроновая кислота, способствуют усилению кровообращения, питанию и омоложению фолликул.

## Коктейль Эластин-Коллагеново-Гиалуроновый с Алоэ вера.

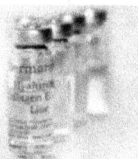

**Эластин -** способствует улучшению эластичности кожи и увлажнению, восстанавливает кожный барьер. Его структура помогает восстановить эластичность волокон, которые широко распространены в соединительной ткани, особенно в коже и кровеносных сосудах.
**Коллаген -** для человека это жизненно важный элемент, поддерживающий кожу и ее потянутое состояние. Это строительный белок в соединительной ткани.
**Гиалуроновая кислота-** стимулирует обменные процессы в клетках и межклеточном пространстве кожи.
**Алоэ Вера** ранозаживляющее, противовоспалительное, противоожоговое, болеутоляющее, противомикробное, успокаивающее действие.Подробнее о коктейле

**Коллаген -** для человека это жизненно важный элемент, поддерживающий кожу и ее потянутое состояние. Это строительный белок в соединительной ткани. Обладает увлажняющим действием, аккумулируя влагу в коже, оказывает укрепляющее,смягчающее воздействие.Коллаген укрепляет поддерживающие ткани и восстанавливает и тонизирует соединительные ткани, его применяют в высокоэффективных препаратах мгновенного лифтинга кожи.Используют как наполнитель для впрыскивания в морщины. Это устраняет на какое-то время морщины.Толстый слой коллагена в виде аппликаций придает коже упругость и эластичность.
**Гиалуроновая кислота** часто применяется в мезотерапии. Гиалуроновая кислота стимулирует обменные процессы в клетках и межклеточном пространстве кожи, что способствует образованию новых кровеносных сосудов в этой области обработки мезороллером. Это действительно эффективное средство для лечения возрастных изменений, воспалительных процессов и различных рубцов на

коже. Мезотерапию мезороллером с использованием гиалуроновой кислоты необходимо проводить регулярно, так как она быстро включается в обменные процессы и полностью рассасывается.
Характеристики -10 мл*
После вскрытия коктейль желательно хранить в холодильнике. Допускается осадок и расслоение, которые не изменяет свойства препарата.

## Гиалуроновая кислота низкомолекулярная

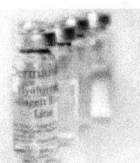

После применения косметики с гиалуроновой кислотой (гиалуронатом натрия) кожа выглядит лучше, становится более мягкой, гладкой и нежной.
Гиалуроновая кислота на сегодняшний день является лучшим увлажнителем кожи. Молекулярный вес молекул гиалуроновой кислоты- 30 кДа (35-40% раствор)Гиалуроновая кислота часто применяется в мезотерапии. Это действительно эффективное средство для лечения возрастных изменений, воспалительных процессов и различных рубцов на коже. Гиалуроновая кислота стимулирует обменные процессы в клетках и межклеточном пространстве кожи, что способствует образованию новых кровеносных сосудов в этой области обработки мезороллером. Мезотерапию с использованием гиалуроновой кислоты необходимо проводить регулярно, так как она быстро включается в обменные процессы и полностью рассасывается в течение 2-3 недель (чем более обезвожена кожа, тем быстрее рассасывается).**После применения косметики с гиалуроновой кислотой (гиалуронатом натрия) кожа выглядит лучше, становится более мягкой, гладкой и нежной. И это не просто внешний эффект. Дело в том, что влажная среда у поверхности кожи, которую создает гиалуроновая кислота, уменьшает испарение воды через роговой слой кожи, так как интенсивность испарения зависит от относительной влажности воздуха. Это существенно, поскольку проницаемость рогового слоя кожи для воды может резко увеличиваться под воздействием УФ излучения, разрушительного действия поверхностно-активных веществ и загрязнений, окружающих нас.**Гиалуроновая кислота в составе солнцезащитных средств, дневных кремов и декоративной косметики пока идут восстановительные процессы в эпидермисе защищает поврежденный роговой слой кожи, не позволяя коже обезвоживаться. Кроме того, полимерная сеть, которую гиалуроновая кислота образует на поверхности, позволяет биологически активным веществам, входящим с состав косметических средств, дольше задерживаться, что повышает вероятность того, что они проникнут в эпидермис.Обладает ранозаживляющими и антибактериальными качествами, является основным компонентом соединительной ткани, и осуществляет большинство функций соединительной ткани.Было доказано, что низкомолекулярная гиалуроновая кислота намного лучше транспортируется через кожный покров, чем гиалуроновая кислота с высокой молекулярной массой, и активирует больше количество генов

кератиноцитов, включая гены, отвечающие за дифференцировку кератиноцитов и формирование комплексов межклеточных контактов, количество которых снижается в стареющей и фотоповрежденной коже. Гиалуроновая кислота на сегодняшний день является лучшим увлажнителем кожи. Увеличение активности при снижении молекулярного веса гиалуроновой кислоты объясняется повышением трансэпидермального проникновения для молекул гиалуроновой кислоты меньшего размера. Исследование впервые показало, что аппликация гиалуронкой приводит к активизации позитивных физиологических процессов в коже и получению омолаживающего эффекта, который достигнут за счет повышения проницаемости и уменьшения молекулярной массы.

Стандартный объем -10 мл. После вскрытия коктейль желательно хранить в холодильнике.

## Оглавление

**ВВЕДЕНИЕ** ................................................................................................................................. **3**

**КРАТКО О СОВРЕМЕННЫХ МЕТОДАХ КОСМЕТИЧЕСКОГО ВОЗДЕЙСТВИЯ.** ................ **4**

**Мезотерапия.** ................................................................................................................................ **4**

**Омоложение лица, инъекции Ботокс, Диспорт.** .................................................................. **6**
*Механизм действия Диспорта / Ботокса* ............................................................................. *6*
*В чем же различие между препаратами?* ............................................................................. *7*

**Мезороллер (Дермароллер)** ..................................................................................................... **7**

**МЕЗОРОЛЛЕРЫ. ОБЗОР И АНАЛИЗ ЦЕН. СЕРТИФИКАЦИЯ МЕЗОРОЛЛЕРОВ.** **9**
*1. Чем отличаются Мезороллер, Дермароллер, Скальпроллер, V-roller?* ........................ *9*
*2. Отсюда вопрос: если они ничем не отличаются почему разные цены на него во всем мире?* ............. *9*
*3. Почему на других сайтах пишется что все что дешевле 60 дол. США- это подделка? К тому же если все мезороллеры одинаковые, то они произведены на одном и том же заводе? Или это китайские подделки?* ................................................................................................................................. *12*
*4. А что насчет сертификатов? Ведь те кто продают дороже они говорят что у них есть сертификаты на мезороллеры.* .................................................................................................................. *13*

5. А какие же цены на процедуры? ........................................................................... 13

## ОБЗОР МОДЕЛЕЙ МЕЗОРОЛЛЕРОВ. ОПИСАНИЕ И КОММЕНТАРИИ. ............ 14
1. DNS — Bio Genesis London ................................................................................ 14
2. ZGTS — тройка самых популярных моделей. .................................................. 15
3. Medic roller .......................................................................................................... 17
4. MNS роллеры ....................................................................................................... 18
5. Штампы – мезороллеры. .................................................................................... 19
6. Дермаштамп профессиональный. ..................................................................... 19
7. Самые популярные МТ мезороллеры. .............................................................. 20
8. Фотонные ролики, ролики со сменными головками. .................................... 20
9. Dermaroller (Германия). ..................................................................................... 21
10. MTS (Clinical resolution) USA. ......................................................................... 21

## ПЯТЬДЕСЯТ ВОПРОСОВ ПРО МЕЗОРОЛЛЕР. ................................................... 22

1. Что такое мезороллер? ........................................................................................ 22
2. Как работает данный прибор? ........................................................................... 22
3. Сколько раз можно использовать один мезороллер? ..................................... 23
4. Как правильно очищать кожу перед использованием мезороллера? ........... 23
5. Как наносить активные ингредиенты (концентрат, сыворотка)? .................. 23
6. Как правильно использовать мезороллер? ...................................................... 23
7. Рекомендовано ли дополнительное нанесение завершающего крема после использования мезороллера? ................................................................................. 23
8. Нужно ли использовать скраб при лечении кожи мезороллером? ............... 23
9. Нуждается ли мезороллер в очищении? .......................................................... 23
10. Можно ли двум и более людей одновременно использовать один прибор? ..... 23
11. В каких случаях использование мезороллера недопустимо? ...................... 23
12. Существуют ли побочные эффекты от применения мезороллера? ........... 24
13. Мезороллер хрупок? ......................................................................................... 24
14. Как часто нужно применять мезороллер? ..................................................... 24
15. Что делать, если есть желание использовать мезороллер при наличии аллергии на медицинскую сталь? ......................................................................... 24
16. Могут ли мужчины использовать мезороллер? ............................................ 24
17. Можно ли бриться на следующий день после использования мезороллера? ..... 24
18. Любой Мезороллер можно использовать только 10-15 раз, или есть более «живучие»? ............................................................................................................... 24
19. Можно ли посещать солярий или сауну после использования Мезороллер? ..... 25

20. Есть ли сезонные ограничения, связанные с солнечной активностью?...............25
21. Что делать с роллером после процедуры, ведь обычно мезотерапия осуществляется одноразовыми иглами?...............25
22. Можно ли беременным пользоваться мезороллером?...............25
23. Если на ноге есть капиллярная сетка, можно ли использовать роллер?...............25
24. Можно ли применять мезороллеры для удаления шрамов на ногах, когда у человека варикоз?..25
25. Какой длины иглы помогут от выпадения волос (аллопеции)?...............25
26. Мезороллером нужно пользоваться постоянно, или результаты временны?...............25
27. Помогает ли мезороллер при атрофических рубцах?...............26
28. Есть ли возрастные ограничения, связанные с использованием мезороллера?...............26
29. Можно использовать мезороллер при отеках и на сколько он эффективен в решении проблем темных кругов под глазами. И какой диаметр лучше для зоны вокруг глаз?...............26
30. Может ли микроигольчатая терапия быть альтернативой лазерной терапии?...............26
31. Когда, после использования мезороллера можно загорать?...............26
32. Подскажите, пожалуйста, гидрофильное масло можно использовать при использовании мезороллера?...............26
33. Скажите, если на лице есть небольшие сосудики, то можно ли по ним проводить роллером?......26
34. У меня сразу две проблемы – целлюлит и капиллярная сетка. Поможет ли мезороллер?...............27
35. Как использовать коктейли для мезороллера?...............27
36. Чем вообще обусловливается эффективность мезороллера?...............27
37. Сопряжено ли использование мезороллера с болевыми ощущениями?...............27
38. Подскажите, пожалуйста, какую длину игл и какой коктейль взять для лечения целлюлита и дряблой кожи на животе и бедрах?...............27
39. Можно ли стерилизовать мезороллер спиртом?...............27
40. Подскажите, может ли мезороллер эффективно справиться с морщинками вокруг глаз?...............27
41. Можно ли заменить ролик на мезороллере?...............28
42. Какой длины должен быть перерыв между курсами процедур с использованием мезороллера?..28
43. Подскажите, пожалуйста, как часто можно использовать мезороллер?...............28
44. Расскажите, пожалуйста, для чего предназначены мезороллеры с длиной игл 0,25 мм?...............28
45. Расскажите, пожалуйста, для чего предназначены мезороллеры с длиной игл 0,5 мм?...............28
46. Расскажите, пожалуйста, для чего предназначены мезороллеры с длиной игл 1,0 мм?...............28

47. Расскажите, пожалуйста, для чего предназначены мезороллеры с длинной игл 1.5-2,0мм?..........29
48. Расскажите, пожалуйста, для чего предназначены мезороллеры с длинной игл 2,0 мм?............29
49. Есть ли общая инструкция по применению мезороллера? ...............................................................29
50. Сколько процедур потребуется, чтобы мезороллер помог избавиться от целлюлита? ...............30

## КОТЕЙЛИ ДЛЯ МЕЗОРОЛЛЕРОВ. КАК ПОДОБРАТЬ?.................................................................31

## ИННОВАЦИОННЫЕ ТЕХНОЛОГИИ EGF & AFGF ........................................................................32

## КОКТЕЙЛИ MYM ..................................................................................................................................35

## КОКТЕЙЛЬ BLESSIE GOLD .................................................................................................................36

## КОКТЕЙЛЬ BLESSIE ANTI-AGE .........................................................................................................37

## КОКТЕЙЛИ ZUYEA ДЛЯ ВОЛОС .......................................................................................................37

## КОКТЕЙЛЬ ЭЛАСТИН-КОЛЛАГЕНОВО-ГИАЛУРОНОВЫЙ С АЛОЭ ВЕРА..................38

## ГИАЛУРОНОВАЯ КИСЛОТА НИЗКОМОЛЕКУЛЯРНАЯ………………………………….39

www.ingramcontent.com/pod-product-compliance
Lightning Source LLC
Chambersburg PA
CBHW072304170526
45158CB00003BA/1178